我的小问题·科学 第二辑

厨房

[法] 德·塞德里克·富尔/著
[法]德·马克-艾蒂安·潘特/绘
唐波/译

北京时代华文书局

食物是怎么做熟的？

烹饪食物的方式有很多：烧烤、煎、**烘烤**、蒸……选择哪种方式通常取决于食材本身适合什么口感，或食谱的建议。

用平底锅时，它的高温会先将食物与锅接触的部分加热。这就是为什么煎牛排时，表面虽然变色了，而内部依然是红色的，除非我们将牛排煎很长时间。

在蒸锅里，食物不直接与水接触。当温度超过100 °C 时，水会变成**蒸汽**。蒸汽在食物表面**凝结**，并向内部传递大量热量，从而把食物加热。

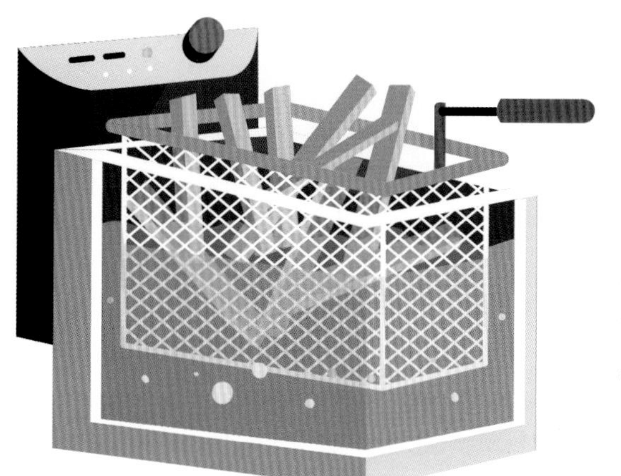

在烤箱里，热空气能将大块的肉或鱼烘烤熟。切成条的土豆放入非常热的油锅后，含有的水分会迅速**蒸发**。油渗入土豆，从而制作出炸薯条。

在微波炉微**波**的作用下，食物中的水分子开始振荡，从而加热食物，使其变熟。

冰箱有什么用？

把新鲜食物放进冰箱或冰柜里，可以保存更长的时间。否则，它们会被**微生物**污染，那样的话，吃下这些食物就有危险了。

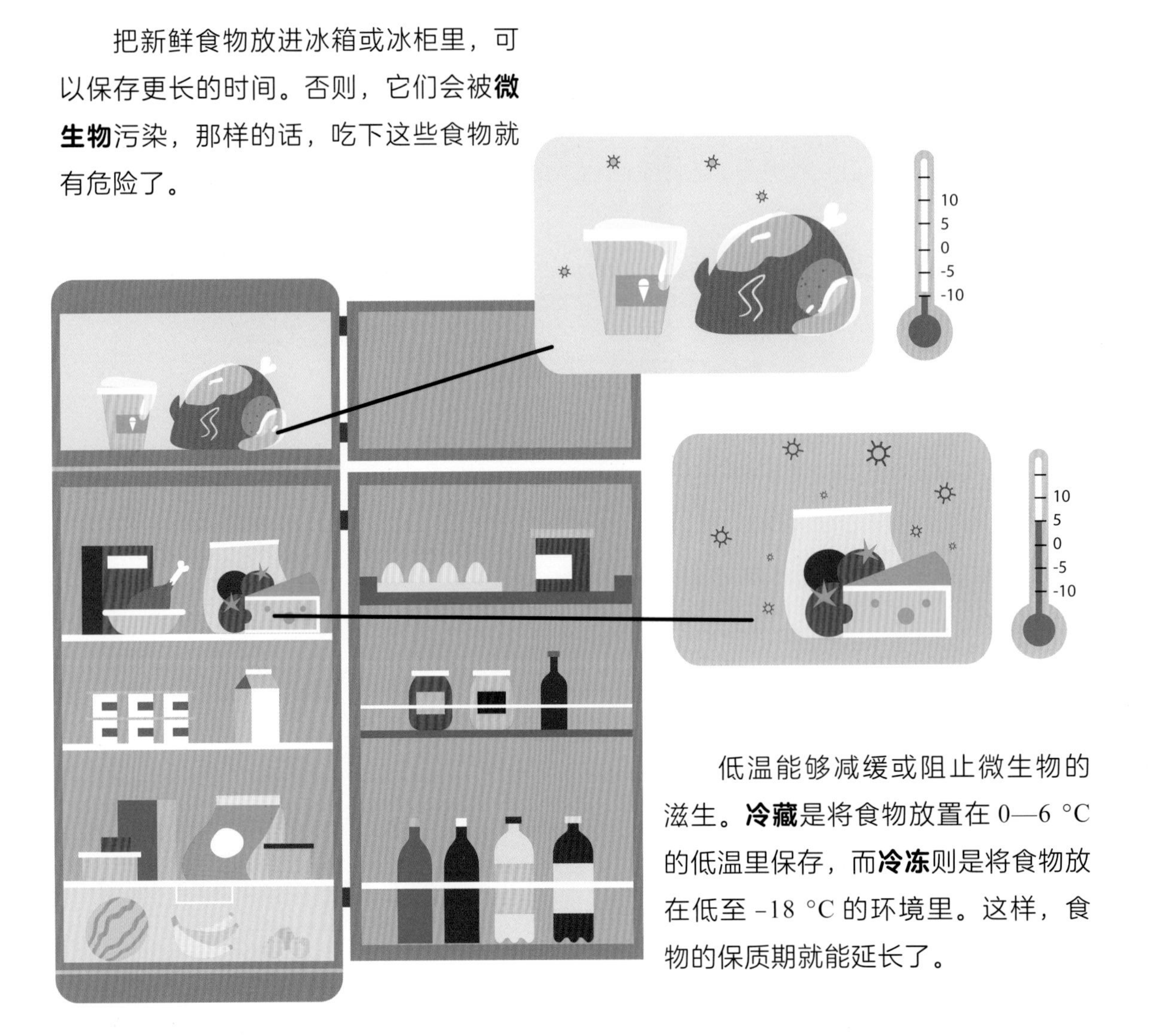

低温能够减缓或阻止微生物的滋生。**冷藏**是将食物放置在 0—6 °C 的低温里保存，而**冷冻**则是将食物放在低至 -18 °C 的环境里。这样，食物的保质期就能延长了。

小实验

观察低温的作用

准备 2 份相同的水果或蔬菜（比如 2 根胡萝卜、2 个西红柿、2 个牛油果）。

将其中一份放进冰箱的蔬菜保鲜格里，另一份则露天放置。

5 天后你看到了什么？露天放置的蔬菜变质了，它不再新鲜，变得蔫蔫的。而放在冰箱低温保存的蔬菜则没什么变化。

还有另外一些保存食物的方法，比如利用高温杀死食物里的微生物。使用**巴氏灭菌法**处理食物时，牛奶等食物会被加热到 60—100 °C。制作蔬菜罐头时，会将它们加热到 100 °C 以上，这个过程叫**高温灭菌法**。

我们可以改变食物的颜色吗？

食物的颜色多种多样，能表明食物是否可食用，也会让我们产生想吃或不想吃的感受。

许多食物里都含有天然**色素**，正是这些色素决定了它们的颜色，比如**叶绿素**使食物呈现出绿色，**胡萝卜素**则使食物呈现出橙色。

我们可以添加食用色素来改变食物的颜色。食用色素可以是天然的，也可以是人工合成的。**天然食用色素**可以从蔬菜中提取。

从蔬菜中提取色素，需要将蔬菜碾碎或搅碎，然后将得到的汁液与**溶剂**（比如水或油）混合。

还有一些方法能改变食物颜色。比如，在烹饪过程中，温度会改变色素分子的稳定性。生虾是灰色的，煮熟后却变成了粉红色。

小实验

将白米染成粉红色！

准备一些水、一些大米、1 棵甜菜、1 个可以煮饭的锅、1 个小漏勺、1 个削皮器和 1 个搅拌器，并让大人来帮你完成这个实验。

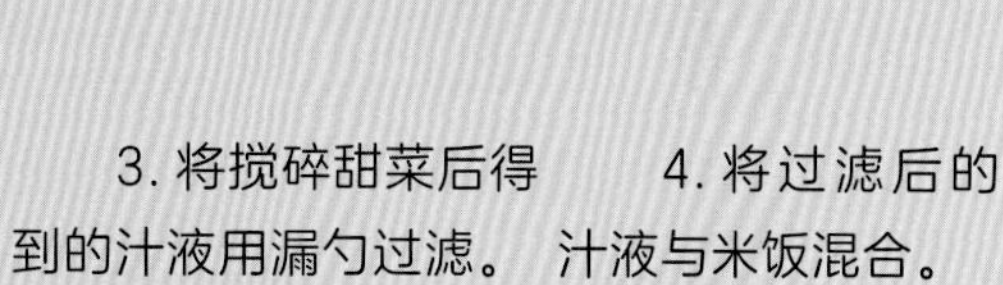

1. 将水和大米倒入锅中煮成米饭。

2. 将甜菜削皮，放入搅拌器中，加点水，搅碎。

3. 将搅碎甜菜后得到的汁液用漏勺过滤。

4. 将过滤后的汁液与米饭混合。

粉红色的米饭就等着你来品尝啦！

切开的苹果为什么会变成褐色？

苹果被切开或去皮后，果肉会与空气中的氧气接触，发生**氧化反应**。果肉的颜色会因为这种化学反应而变得暗沉，有点像金属上出现锈痕。

我们可以阻止氧化发生，避免水果变色。要想做到这一点，需要使用一些柠檬汁。柠檬汁里含有抗坏血酸，也叫维生素 C，是一种**抗氧化剂**。

并不是只有苹果切开后才会变色，牛油果、香蕉、梨，甚至杏和桃，切开后切面都会迅速变为褐色。

小实验

观察柠檬汁的作用

准备 1 个榨汁器、2 个盘子、1 把水果刀、1 个柠檬、1 个苹果和 1 根香蕉。

1. 将柠檬切开，在榨汁器上挤压出汁。

2. 将苹果和香蕉切开，在两个盘子上都放一些。

3. 将柠檬汁浇在其中一盘水果上。

4. 1 小时后，浇了柠檬汁的水果还保持着原来的颜色，而没浇柠檬汁的水果变成了褐色。

为什么意大利面煮的时候会粘在一起？

煮意大利面并不是一件简单的事，它们会粘在一起，或粘在锅底。

煮意大利面，需要将面放入沸腾的水中，然后等待其煮熟。在这期间必须不时搅动面条，并注意烹煮时间。

意大利面里含有**淀粉**，在烹煮过程中，淀粉会**溶解**。有时意大利面粘在一起，是因为淀粉留在了面条表面。

为了避免意大利面粘在一起，需要用大量的水来煮。这样，淀粉在水中会被**稀释**。通常，煮 100 克意大利面需要大约 1 升水。所以，煮 1 千克意大利面需要 10 升水！

小实验

寻找淀粉的痕迹

准备 1 瓶碘酒、1 副手套、1 片土豆、1 片面包、一些煮熟的意大利面、一些米饭和 1 朵西兰花。

1. 戴上手套，在土豆片、面包、米饭、意大利面和西兰花上各滴几滴碘酒。碘酒是一种遇到淀粉会变色的液体。但要小心，它很容易弄脏你的手和衣服。

2. 如果碘酒这种深橙色液体变成了蓝色，就说明食物里含有淀粉。你也可以在其他食物上做同样的测试。

食盐是从哪儿来的？

盐是一种**调味品**，能使食物的味道更浓郁。有些食盐来自大海；还有些食盐来自地下，比如从矿盐中提炼出的盐。

在阳光和风的作用下，盐田里水分蒸发掉了，我们便获得了盐：**氯化钠**。

盐有不同形态，比如细盐、粗盐和盐花，这取决于其晶体的大小。盐可以溶于水。在烹饪过程中，水会进入食物，使其具有咸味。我们还可以用盐来保存食物，这种方法叫盐渍，常用于保存猪肉。

小实验

制作盐的晶体

准备一些盐、1 个玻璃杯、1 个量杯、一些热水、1 根细绳和 1 支铅笔。

1. 用量杯量取 200 毫升热水，倒入玻璃杯中。

2. 在杯中加入 50 克食盐并晃动一下，直到食盐完全溶解。

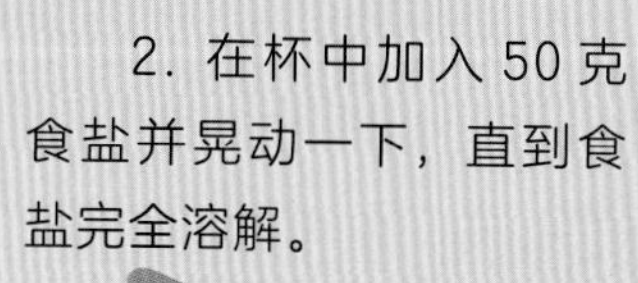

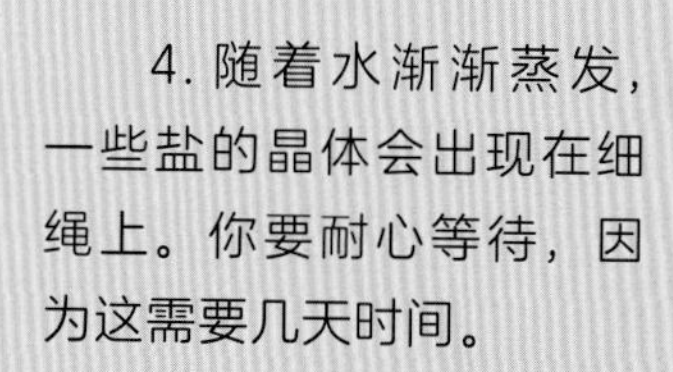

3. 将细绳系在铅笔上，然后将铅笔放在杯子上并保持平衡。细绳必须浸泡在盐水中，且与杯子没有任何接触。

4. 随着水渐渐蒸发，一些盐的晶体会出现在细绳上。你要耐心等待，因为这需要几天时间。

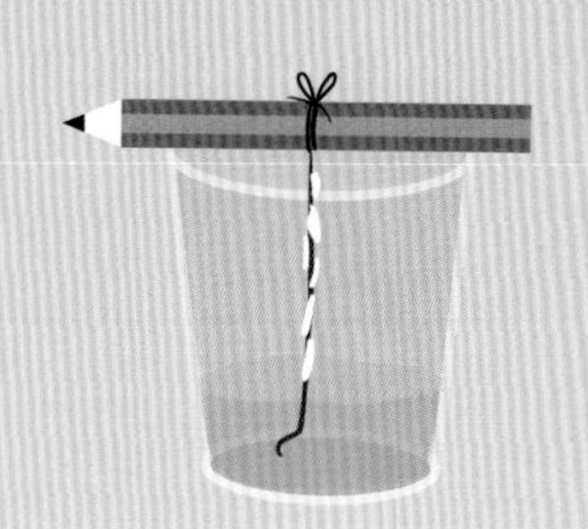

盐在我们的饮食中无处不在，在很多食物中都天然存在，但是，大多数食物（比如熟肉制品、奶酪、饼干）中的盐是在制作过程中加入的。

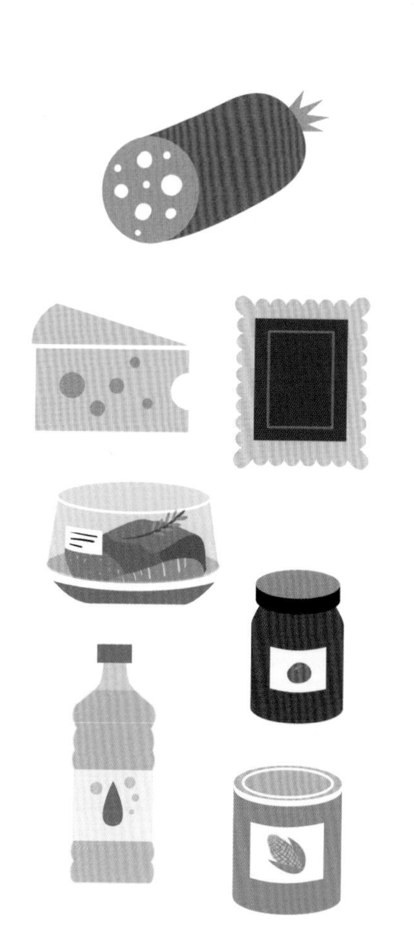

为什么洋葱会让人流泪？

洋葱是一种蔬菜，我们食用的是它的**鳞茎**，那里贮藏着洋葱所需的营养成分。

当我们切洋葱时，它会释放一种含有**硫**的化学物质，由此形成的含硫气体会扩散到空中，一直到达我们的脸部。

当这种气体与眼睛接触时，会与保护眼睛免受灰尘侵害的液体——**泪液**相混合，形成少量硫酸，刺痛我们的眼睛，眼泪便会流下来，这时要冲洗眼睛。

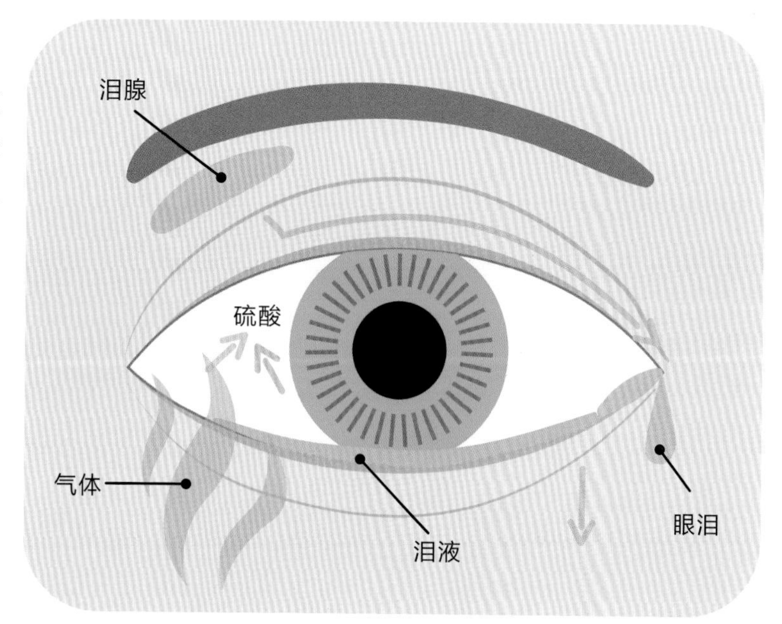

在流水下切洋葱可以防止气体进入眼睛；也可以戴一个潜水镜，但不是很方便！

为什么面包上有孔？

面包师用面粉、水、盐和**酵母**来制作面团。必须把面团**揉**好，然后放置一段时间，让面团在烘烤之前充分膨胀。

面粉是面包的主要原料，影响面包的味道、颜色和软硬程度。面粉是由谷物（比如小麦）磨制而成的。

在烘烤过程中，被封在面团里的**二氧化碳**气泡会形成许多小孔。当面包冷却后，面包皮会裂开，气体便跑了出来。

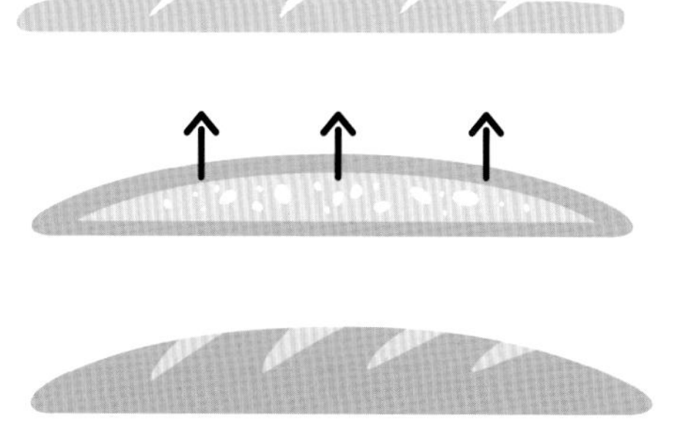

面包酵母是一种微小的真菌。酵母会吸收面粉中的养分进行繁殖，并产生一种气体——二氧化碳。这就是**发酵**。

小实验

做两个不同的面包

做一个面包需要准备 250 克面粉、1 克盐、10 克面包酵母、150 毫升温水、1 个沙拉盆和 1 个碗。

1. 将酵母倒入碗中，用温水溶解。

2. 将面粉、溶解了的酵母和盐放入沙拉盆中搅拌。揉面 10 分钟，然后将面团静置 2 小时让其膨胀。

3. 做第二个面团，但不使用酵母。

在醒面的过程中观察两个面团：使用了酵母的面团体积膨胀了，说明它发酵了。

4. 将两个面团放在烤盘上再静置一段时间，然后放入 210 ℃ 的烤箱。注意不要把面包烤焦。比较两个烤好的面包：一个满是小孔，另一个则没有！

我们可以用奶来做酸奶吗？

你知道吗，奶有好几种食用方式。我们可以饮用原味奶，也可以将奶制成酸奶和奶酪。在大多数情况下，我们使用的是牛奶，有时也会使用山羊奶或绵羊奶。

制作酸奶时，我们会使用一些**细菌**，这是一种在显微镜下才能看到的微生物。有些细菌会引起疾病，但用来制作酸奶的细菌恰恰相反，它们对健康没有任何危害。

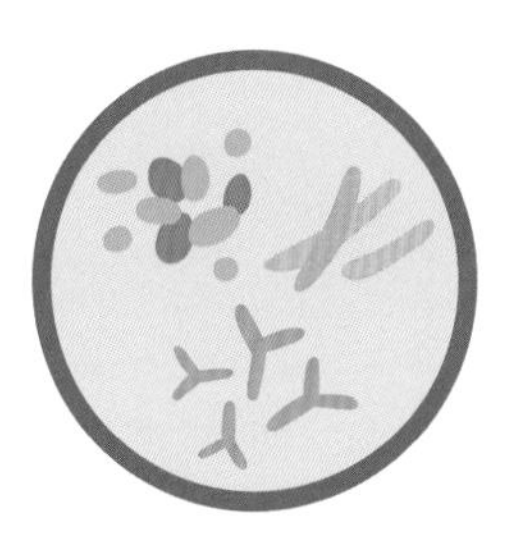

将这些细菌加入奶中。把所得的混合物倒进 45 °C 的**家用酸奶机**中，放置几小时。细菌会在酸奶机中繁殖，将奶变为酸奶。它改变了奶的质地，并让奶有了全新的味道。这就是乳酸发酵。

要制作奶酪，必须先使奶固化，这个过程就是凝结。然后将凝乳和细菌或真菌混合，正是这些微生物让奶酪有了不同颜色，它们还影响着奶酪皮的形成、奶酪的味道和质地。

通过对奶进行加工，我们还可以得到其他食品，比如奶油、黄油，用它们可以做成各种乳制品甜点。

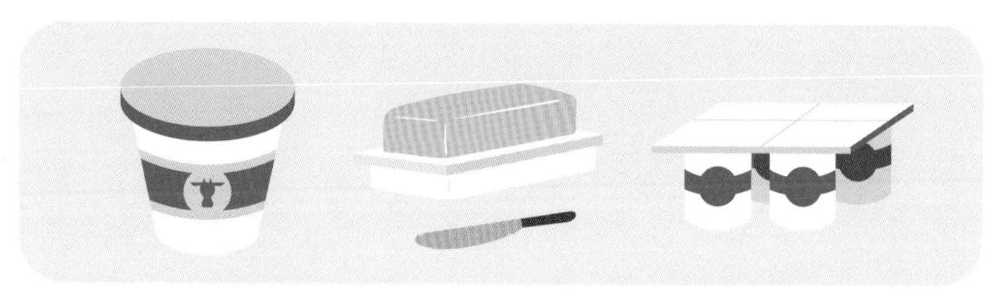

怎样做出美味的蛋黄酱？

蛋黄酱是一种用蛋黄制成的调味酱，可以搭配着菜肴食用。蛋黄酱与番茄酱混合会呈现红色。如果加入用油拌过的菠菜叶或欧芹叶，蛋黄酱会变成绿色。

小实验

制作蛋黄酱

准备 1 个蛋黄、盐、胡椒粉、油、醋、1 个汤匙和 1 个碗。

1. 将蛋黄和 1 汤匙醋放入碗中，再加入一点盐和胡椒粉。

2. 搅拌均匀。

3. 慢慢地往碗中倒入一些油，继续搅拌，直到酱汁变得浓稠。

油和水不容易混合在一起，油总会浮到水面上。然而在蛋黄酱中，蛋黄和醋中的水却能与油混合。事实上，是蛋黄里的某些成分把油包裹在了水中。

蛋黄酱是一种水包油**乳状液**。

在醋和蛋黄中加入一汤匙芥末，蛋黄酱会更容易且更快成型。芥末是一种**乳化剂**，有助于油和水结合。

做好蛋白酥的秘诀是什么？

蛋白酥是用糖和蛋清做成的！蛋清是一种黏稠透明的液体，当我们用打蛋器搅拌时，会有很多气泡进入蛋清。蛋清会包裹并锁住这些气泡。如此一来，便会形成一种膨胀发干的**泡沫**。我们说，这是把蛋清打成了雪花状。

要做出外表酥脆、内里松软的蛋白酥，每个蛋清里需加入大约 50 克糖，然后将蛋白酥放入烤箱里，在 90 °C 的温度下烘烤至少一个半小时。

小实验

怎样在不打破鸡蛋的情况下看到它的内部？

准备 1 个生鸡蛋、一些白醋和 1 个玻璃杯。

1. 把生鸡蛋放入玻璃杯中，然后往杯中倒满白醋。

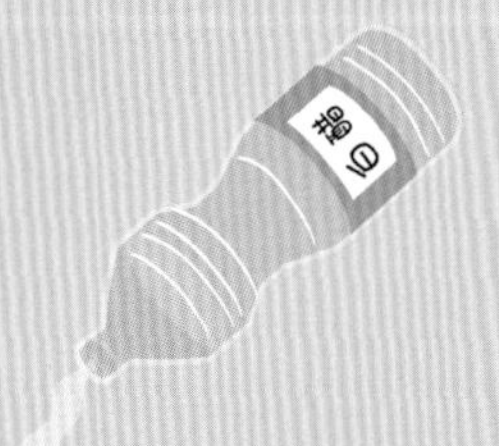

2. 鸡蛋壳上很快会出现一些气泡。接下来醋会将蛋壳溶解。让鸡蛋浸泡在醋中，等待 24 小时。

3. 用流水小心地清洗鸡蛋，你会发现鸡蛋没有壳了，很柔软，被一层半透明的薄膜包裹着，可以看到蛋黄在里面漂浮着。

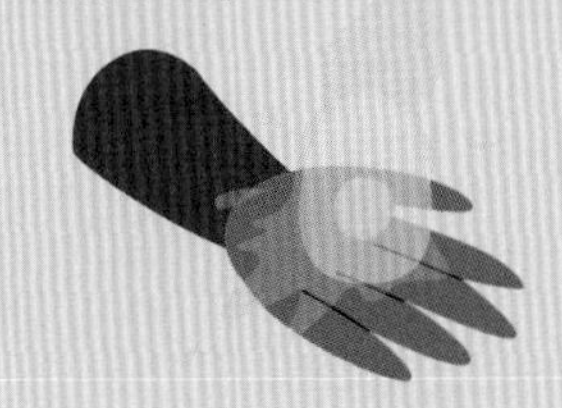

一个蛋清无法搅打出很多雪花状泡沫，要想得到更多泡沫，只需在蛋清中加一点点水。再次搅打时，泡沫会继续升高。因为有了更多液体，所以产生了更多气泡。但是这样形成的泡沫会比较脆弱。

棉花糖真的是用糖做的吗？

在市集或游乐园里，棉花糖是一种很受大人小孩青睐的甜食。

棉花糖机上有一个放糖的容器，机器能将容器里的糖加热熔化，并使糖围绕着机器中央的锥体旋转，这样糖丝便形成了。

糖丝与空气接触后会硬化，用一根小棒将这些糖丝卷起来，就形成了我们熟悉的棉花糖。机器转动得越快，糖丝越细。

各种颜色的棉花糖

棉花糖最常见的是粉色，也有白色、蓝色、黄色和绿色的。这些颜色来自商人添加的食用色素。

为什么糖果很好吃？

糖是糖果的基本成分。吃糖果会让人愉悦。糖是从两种专门产糖的植物中获得的，就是甜菜和甘蔗。

糖果有五彩缤纷的颜色。为了让糖果具有草莓的颜色和味道，人们会加入红色的食用色素和草莓味的**香料**。

这些香料可能是天然的，也可能是人造的。香草、薄荷、甘草等都是天然香料。

明胶是一种制作软糖的物质。人们用它把一些食物胶凝，也就是变得更有韧性。

小实验

制作橙子味的糖果

准备 20 克糖、1 个橙子、3 片明胶、1 个手动榨汁器、1 个糖果模具、1 个装有冷水的碗和 1 个漏勺。

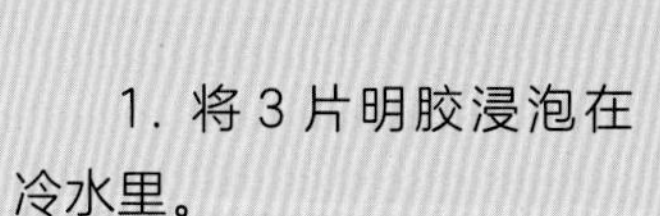

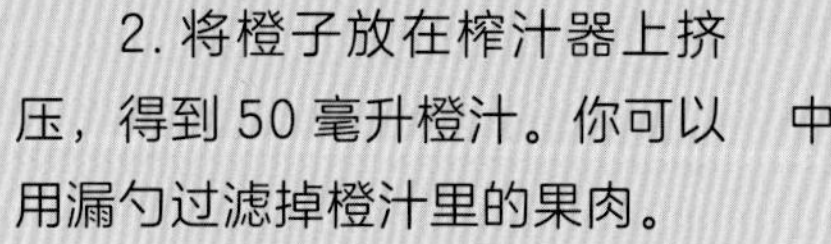

1. 将 3 片明胶浸泡在冷水里。

2. 将橙子放在榨汁器上挤压，得到 50 毫升橙汁。你可以用漏勺过滤掉橙汁里的果肉。

3. 将橙汁放进微波炉中加热 30 秒。

4. 将加热后的橙汁与 20 克糖混合。

5. 将沥干水分的明胶放到橙汁里，搅动一下。

6. 将调好的液体倒入糖果模具，放入冰箱冷藏 1 小时。

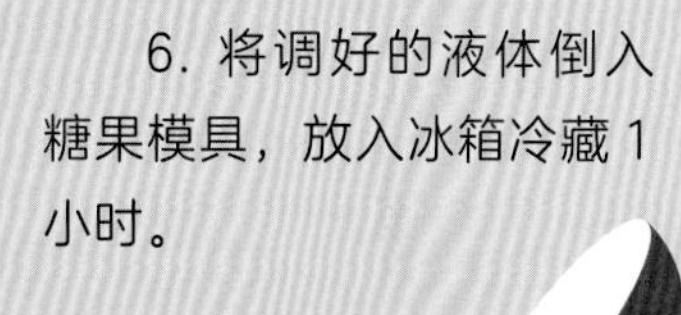

终于，你可以享用自己制作的橙子味糖果了。也试试用其他水果做一些糖果吧！

巧克力是怎么做出来的？

可可果是**可可树**的果实，在果实内部，可以找到制作巧克力的**可可豆**。

小实验

区分可可和巧克力

准备可可粉、鲜奶油、糖、1 个碗和 1 个汤匙。

1. 先品尝一点可可粉：它的味道是苦的。

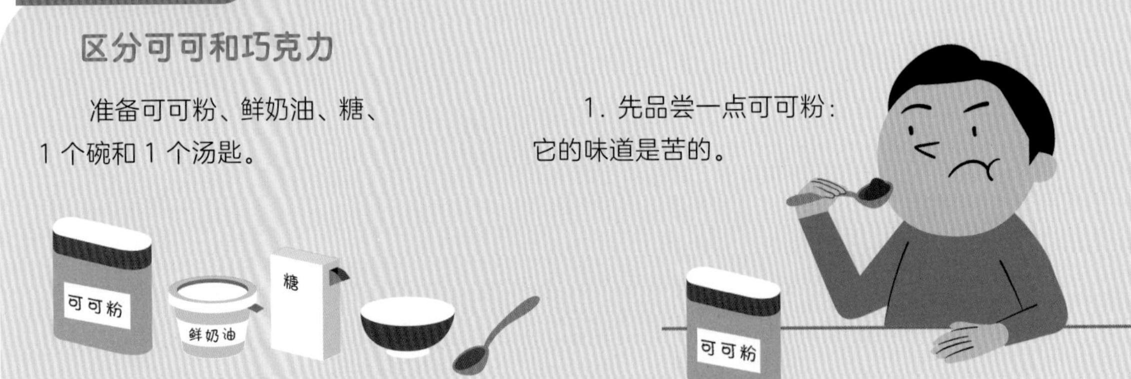

为了制作巧克力，我们要对可可豆进行晒干、烘烤、研磨、发酵等几步加工，最后得到可可膏。对可可膏进行压榨和加工，就得到了可可脂和可可粉。

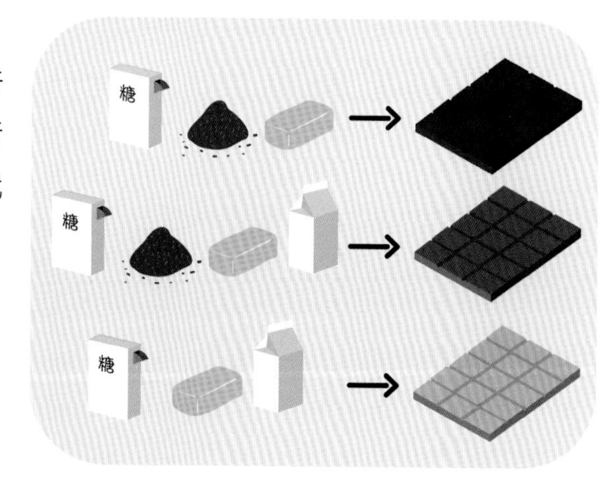

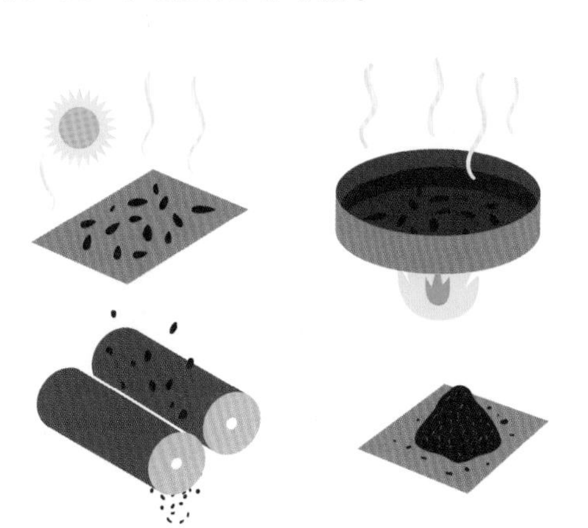

巧克力的成分使巧克力呈现出不同颜色。在可可膏和可可脂中加入糖，便得到了黑巧克力。如果再加入些牛奶，就变成了牛奶巧克力。白巧克力是由可可脂、糖和牛奶制作而成的。

2. 在碗中，将 2 汤匙可可粉、2 汤匙鲜奶油和 1 汤匙糖混合。

现在，你把味道苦涩的可可粉变成了美味可口的巧克力酱！巧克力与可可的不同之处就在于，制作巧克力时添加了各种原料。

我们会对花生过敏吗？

我们的身体每天都在保护着我们，让我们免受看不见的敌人（比如微生物）的侵害。有时候，身体会将一些食物，比如花生，误认为是对身体有害的敌人，这就是食物**过敏**。

在**过敏原**存在的情况下，身体误以为自己受到了攻击，从而产生强烈的反应保护自己。这可能会引起身体发痒，皮肤上长出疹子，嘴唇和眼睛肿胀，甚至呼吸困难。出现这些情况要尽快治疗。

牛奶、鸡蛋、坚果（比如榛子、花生）等，都是可能引起过敏的食物。鱼和虾也可能是过敏原。

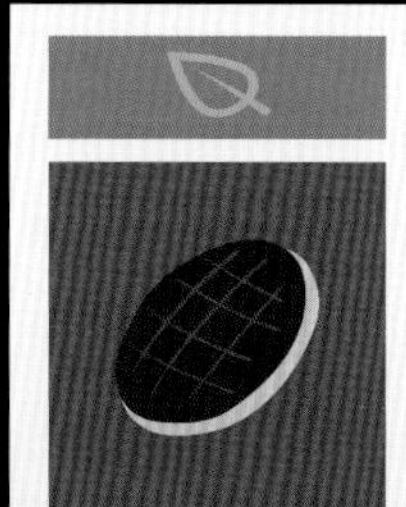

成分：小麦粉、25% 椰子脆片碎末、红蔗糖、菜籽油、黄油（主要原料为牛奶）、全蛋粉、0.3% 柠檬精油、天然香料、发酵粉（碳酸铵）、酸化剂（柠檬酸）。

可能含有微量的芝麻、羽扇豆、大豆和坚果。

画线成分为符合公平贸易标准的农产品。

如果你是过敏体质，吃东西时要特别注意。在食品标签上，可以看到生产该食品所使用的配料，从而确定其中是否含有过敏原。

关于厨房的小词典

这两页内容向你解释了当人们谈论厨房时最常用到的词，便于你在家或学校听到这些词时，更好地理解它们。正文中的加粗词语在小词典中都能找到。

巴氏灭菌法：用 60—100℃的高温将食物加热，更有利于保存食物。

波：一种能量移动的现象。

淀粉：一种碳水化合物，存在于谷物（比如小麦、大米、玉米）和土豆等根茎类蔬菜中。

二氧化碳：空气中一种无味无色的气体。通常是在细胞呼吸、微生物发酵的过程中产生的。

发酵：食物在微生物的作用下发生变化的过程。

高温灭菌法：将食品加热到 100 ℃以上，以使其保存更长时间。

过敏：身体对某些物质产生的反应，这些物质可能是动物的毛发、灰尘、花粉和某些食物。

过敏原：能引起人体过敏反应的物质。

烘烤：将一些食物，比如咖啡豆、可可豆，放入温度非常高的炉具里，食物经过炙烤会释放出香味。

胡萝卜素：蔬果（比如笋瓜、杏）中含有的天然色素，可以使其呈现出橙色。

家用酸奶机：一种制作酸奶的家用设备。

酵母：一种单细胞真菌，可以让某些食物发酵。

抗氧化剂：能抑制氧化的物质。

可可豆：可可树果实里的种子，用于制作巧克力。

可可果：可可树的果实，内部含有可可树的种子——可可豆。

可可树：能结出可可豆的树。

泪液：保护眼睛免受灰尘侵害的液体，流下来就变成了眼泪。

冷藏：把食物放到低温中保存。

冷冻：将食物放在极低温度下保存的过程。

鳞茎：某些植物（比如洋葱、大蒜、郁金香）的地下部分。

硫：一种存在于所有生物中的化学元素。

氯化钠：一种化合物，食盐的主要成分。

明胶：一种透明无色的物质，能使某些液体凝结成固体。

凝结：从气态变为液态或从液态变成固态。

泡沫：将大量细小气泡引入液体而获得的混合物。

溶剂：能溶解其他物质的液体。

溶解：将一种固体化合物放入液体中，得到的混合物是分布均匀的，并且固体化合物已不再可见。

揉：用手反复推压搓弄。

乳化剂：能够促进乳化的物质。

乳状液：液体以微小液滴状态分散于另一种液体中。

色素：使物体着色的物质。

天然食用色素：从植物里提取的色素，用来给食物着色。

调味品：用来给食物调味，使食物味道更浓郁的物质。

微生物：肉眼很难看见的微小生物。细菌、病毒和真菌都是微生物。

稀释：在溶液中加入更多溶剂，减小溶液的浓度。

细菌：一种可在显微镜下观察到的微生物。

香料：能散发出香气的调料，令人愉悦，比如薄荷、香草。

氧化反应：遇到氧气时发生的化学反应，能改变物体状态和外观。比如，生锈是铁氧化的结果。

叶绿素：某些植物中含有的天然色素，使植物呈现出绿色。

蒸发：水等液体变为气态。

蒸汽：水的气体状态。

图书在版编目（CIP）数据

厨房 /（法）德・塞德里克・富尔著；（法）德・马克 - 艾蒂安・潘特绘；唐波译．— 北京：北京时代华文书局，2023.5

（我的小问题．科学．第二辑）

ISBN 978-7-5699-4977-3

Ⅰ．①厨… Ⅱ．①德… ②德… ③唐… Ⅲ．①饮食—儿童读物 Ⅳ．① TS971-49

中国国家版本馆 CIP 数据核字 (2023) 第 083245 号

拼音书名 | WO DE XIAO WENTI KEXUE DI-ER JI CHUFANG

出 版 人 | 陈　涛
选题策划 | 阿卡狄亚童书馆
策划编辑 | 许日春
责任编辑 | 石乃月
责任校对 | 张彦翔
特约编辑 | 周　艳　杨　颖
装帧设计 | 阿卡狄亚・戚少君
责任印制 | 訾　敬
出版发行 | 北京时代华文书局 http://www.bjsdsj.com.cn
北京市东城区安定门外大街 138 号皇城国际大厦 A 座 8 层
邮编：100011 电话：010 - 64263661 64261528
印　　刷 | 小森印刷（北京）有限公司 010 - 80215076
（如发现印装质量问题影响阅读，请与阿卡狄亚童书馆联系调换。读者热线：010－87951023）
开　　本 | 787 mm×1194 mm　1/24　　**印　　张** | 1.5
成品尺寸 | 188 mm×188 mm
字　　数 | 36 千字
版　　次 | 2023 年 8 月第 1 版
印　　次 | 2023 年 8 月第 1 次印刷
定　　价 | 98.00 元（全六册）